未来へつなぐ日本の記憶

昭和SLグラフィティ

〔北海道編（上巻）〕

凍てつく道北から流氷のオホーツクへ

對馬好一・橋本一朗 著

Memory for the future – “SHOWA” SL Graffiti

秘蔵写真でよみがえる
昭和の蒸気機関車

C58に牽かれて釧路から釧路湿原を縦断してきた網走行混合列車628レは止別(やむべつ)で627レとすれ違い、流氷に覆われたオホーツク海沿岸に向かった。◎釧網(せんもう)本線浜小清水～止別　S46.3.20

Contents

はじめに

北海道に鉄道が開通したのは、明治13(1880)年11月28日。5年に営業開始した新橋－横浜間の「陸蒸気」から8年が経過していた。三笠市の幌内炭鉱で産出される石炭を小樽港近くの小樽市手宮まで運ぶために計画された官営幌内鉄道(後の国鉄函館本線－幌内線の一部)だが、この日、実際に汽車が走ったのは手宮－札幌間のみ。幌内炭鉱までの91.2㌔全線が開通し、石炭輸送が始まったのは、さらに2年後の15年だった。

これをきっかけに北の大地の開拓における鉄道の役割が年々大きくなり、40年には釧路線(現・根室本線)が狩勝峠を越えて釧路まで開通し、宗谷本線が稚内(現・南稚内)に到達したのは大正11(1922)年。昭和6(1931)年に釧路－網走間の釧網本線が全通したのに続き、石北本線が旭川－網走間を翌7年に結んだ。各地で鉄道建設が進み、東京－新大阪間の東海道新幹線が開通した39年には、道内の国鉄路線は約4,000㌔に達した。

これらの鉄道は、先の大戦前は樺太(現・サハリン)への物資輸送を担ったほか、道内各地で産出される石炭を運んで日本全国にエネルギーを供給した。そして、戦前戦後を通じて鉱業、農業、林業、水産業、流通、観光といった北海道の産業と文化を支え続けた。

氷点下20度、30度になり凍てつく冬も、強い日差しが照り付ける夏も、蒸気機関車(Steam Locomotive＝SL)は走り続けた。しかし、本線上では国鉄夕張線貨物列車のD51が50年、翌51年3月2日には室蘭本線追分駅構内で入替作業をしていた9600が全国SL最後の仕業を終えた。北海道での活躍は95年3カ月余りだった。

私たち2人は40年代以降の数年間、それぞれが夜行急行列車や青函連絡船を乗り継いで北海道を訪れ、道内各地を駆け回り、SL最後の雄姿を白黒フィルムに切り取った。それからほぼ半世紀が経ち、令和2(2020)年に上梓した『未来へつなぐ日本の記憶　昭和SLグラフィティ〔D51編〕』に続き、北海道の様々なSLの奮闘を2冊に分けてお届けする。この国の昭和の鉄道史、経済・社会史の一端を編むことができ、追憶の一助になれば望外の幸せである。

早暁、石北本線北見に到着した517レ夜行急行「大雪6号」。函館、札幌からの旅客に加え、日曜日朝の乗客を乗せ、1527レ普通網走行になって出発した。◎C58 418　S50.3.9

第1章　日本最北・極寒の鉄路
宗谷本線・名寄本線

最北端の稚内へは、あと一駅。C55 1が牽引する急行「利尻2号」が出発を待つ。◎宗谷本線南稚内　S44.3.16

旭川から北海道最北の稚内まで259.4キロの宗谷本線。戦前は宗谷海峡を渡る鉄道連絡船「稚泊航路」と連絡し、樺太（現・サハリン）開発のための重要路線だった。サロベツ原野を抜けると、晴れた日には車窓から日本海上にそびえる利尻富士（1721メートル）を望めるものの、冬の海は瞬く間に雲に覆われ、猛吹雪が何日も続く。鉄路では、ホワイトアウトの中から突然現れる9600やC55が雪にまみれながらも、全力を振り絞って北辺の生活を支えていた。

途中の名寄から別れる名寄本線は9600の牙城。天北峠を越え、興部、オホーツク海沿岸の紋別などを経て遠軽で石北本線と接続し、氷と雪に閉ざされる地域の物流を担っていた。平成の初めに廃止された特定地方交通線の中では唯一の「本線」だった。

北海道遺産の北防波堤ドームで厳しい北風から守られた稚内駅は何度か場所が変わっている。昭和40年に建てられた3代目駅舎は平成23年に現駅舎ができるまで使われていた。◎S45.8※

稚内駅から東北東に31キロ離れた宗谷岬にある「日本最北端の地の碑」。現在は周辺を埋め立て、駐車場と広場がつくられている。◎S45.8※

まだ明けきらない凍てつく朝靄のなか、C55 1に牽引された札幌発稚内行317レ夜行急行「利尻2号」が到着した。（上下2枚とも）

現在の南稚内駅は大正11年に開業した「稚内駅」だ。稚泊航路ができると線路が北に延び、昭和3年にできた「稚内港（わっかないみなと）停車場」が今の稚内駅の前身。両駅は14年に現在の駅名に改称した。稚内駅構内には「稚内桟橋駅」もできたが、終戦後自然消滅した。

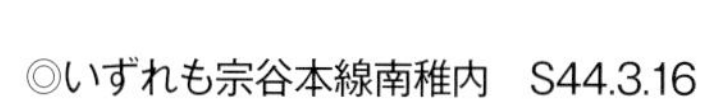
◎いずれも宗谷本線南稚内　S44.3.16

南稚内駅正面入口。

凍てつく厳しさを物語るC55 1の動輪。

C55 1の終着駅へはもう一息。出発に笑みがこぼれる。

出発を待つC55 1。◎宗谷本線南稚内　S44.3.16

最果ての荒涼とした原野で、北端の街に向かう旅客列車のC55が噴き上げる煙が尾を引いた。
◎宗谷本線抜海～南稚内　S46.3.17

冬の北の幹線の晴れ間、C55 49が牽く普通列車が稚内を目指す。◎宗谷本線抜海～南稚内　S46.3.17

稚内を午前中に出た338D名寄行が雪晴れの途中駅で、49622が牽く391レ貨物列車とすれ違った。◎宗谷本線兜沼S46.3.17

名寄を目指す692レ貨物列車を牽引してきた69644は、木製の電信柱が立ち並ぶ駅に停まると、缶圧調整や火床整理、水の補給をして、これから先の行程に備えた。◎名寄本線上興部　S46.3.19

長時間停車している692レに近づいてみると、「6 96 44」のナンバープレートは5桁の数字の2カ所にスペースが入った珍しい形。煙室扉は黄色いペンキでゼブラ模様に塗られていた。◎名寄本線上興部　S46.3.19

天北峠を頂点に上り下りとも25‰(パーミル)の急坂が続く。そこを走る多くの貨物列車は9600重連が全力を振り絞る。しかし、材木を満載し小雪の中を進んできた6682レの先頭には49670が1両だけ。「残念」と思った瞬間、最後尾でもう1両の9600が補機を務めているのが見えた。◎名寄本線一ノ橋～上興部 S46.3.19

降りしきる雪を突いて一ノ橋を出た691レ貨物列車。69620のキャブでは、機関士が前方を凝視していた。◎名寄本線一ノ橋～上興部　S46.3.19

691レ貨物列車を牽く69620は缶圧をいっぱいに上げ、ボイラ安全弁から蒸気を噴出させながら吹雪を切り裂いていった。
◎名寄本線一ノ橋～上興部　S46.3.19

ディーゼル急行にとっても冬の峠越えは厳しい試練だ。◎宗谷本線塩狩　S44.1.4

サロベツ原野を高速で迫ってきた3371レ貨物列車。先頭に立つ59617に向かい、駅員が右手を挙げた。◎宗谷本線下沼　S46.3.17

名寄発の一番列車330レ小樽行がC55 50に牽かれて発車。黒煙を噴き上げ、雪と蒸気を巻き上げた（右）。8両編成の客車を見送ると最後尾では塩狩峠の急坂に備え、DD51 581が列車を押していた（左）。◎宗谷本線和寒　S46.3.19

C5549

精一杯の煙を噴き上げ宗谷本線最大の難所、
塩狩峠に挑むC55 49。後部に補機のDD51
が見える。◎宗谷本線蘭留～塩狩　S44.1.4

早朝6時半過ぎ、C55 50が牽く330レ小樽行（左）と323D（右）の改札が始まると、通勤・通学客らが列を作って跨線橋を渡った。列車のすれ違いはなぜか右側通行。3番線で乗客を乗せた気動車はこの後、音威子府（おといねっぷ）で二手に分かれ、それぞれ宗谷本線経由と天北（てんぽく）線経由で稚内に向かった。◎宗谷本線和寒　S46.3.19

夕暮れのターミナルで発車を待つ331レの先頭で前照灯を輝かせ、蒸気を上げるC55 50。昼過ぎに小樽を出て函館本線をED76に牽かれてきた客車を、ここから宗谷本線名寄まで牽引する。◎旭川　S46.3.18

寒さの中出発を待つC55 16。旭川はSL撮影の際、待合室で夜を明かす拠点駅だった。◎S44.1.2

C55 50は昼も夜も宗谷本線で大活躍した。◎旭川　S44.8※

第2章 道北から日本のエネルギーを支える 日曹炭鉱

日本最北端の稚内市から少し南に下った天塩郡。日本最北の温泉郷「豊富温泉」がある豊富から内陸方向に、炭鉱（ヤマ）「一坑」に向かって延びている約18kmの専用線が「日曹炭鉱」天塩鉱業所専用鉄道である。採掘された石炭を運び、そして地域の人々の生活を担い、「キューロク(9600)」が活躍していた。昭和15年2月に開通したこの専用鉄道は、日曹炭鉱の閉山に伴い、47年7月29日に廃止された。

積み出し口で積載中の9615。 ◎日曹炭鉱天塩鉱業所専用鉄道一坑 S46.3.18

石炭を積載した無蓋車を牽き、一路豊富に向かい登竜(とうりゅう)峠を登る。
◎温泉～駅逓　S46.3.17

大正10年生まれの49678は、昭和36
年にこの専用線に譲渡され入線した。
◎一坑　S46.3.17

日曹炭鉱天塩鉱業所専用鉄道最寄りの国鉄宗谷本線豊富駅。◎S46.3.18

客車内の掲示

リベット構造の二重屋根のオハ31。この客車が貨車と混結して沿線の人々の生活も運んでいた。◎一坑　S46.3.17

9615が出発間近。◎一坑　S46.3.17

オハ31の車内で話が弾む。ストーブが温かい◎S46.3.18

この専用線では3両の「キューロク」が活躍。この日も、雪原の中、
貨客混合列車を牽引していた。◎駅逓付近

9615

9600は鉄道院時代の大正2年に製造開始され、770輌が誕生した。北海道から九州に至る全国で貨物輸送、入替等に従事、石北本線や東北地方の米坂線では旅客列車も牽引するなど、国内SLの最後まで大活躍した。「9615」は大正3年に製造され、福井を経て名寄区に転出した後、昭和23年に日曹炭鉱天塩鉱業所専用鉄道に譲渡された。

◎いずれも一坑　S46.3.18

炭鉱には「キューロク」がよく似合う。◎一坑　S46.3.18

9615

一抗の風景

日曹炭鉱の開山は昭和12年12月、閉山は47年7月、最盛期には年間約15万トン産出といわれている。その間、「一抗」は石炭積み出し地として、そして専用鉄道の拠点としての役割を担っていた。

◎いずれもS46.3.18

出発前の9615◎一坑　S46.3.17

49678が登竜峠の坂に挑む。◎温泉～駅逓　S46.3.18

第3章 D61の里 羽幌線・留萌本線

係員の手旗信号を頼りに機関庫を出るD61 5。留萌駅に向かい、留萌本線、羽幌線での仕業に就く。◎深川機関区留萌支区　S44.8※

留萌駅から留萌港の埠頭まで留萌鉄道が敷いた貨物線は昭和16年、鉄道省（後の国鉄）が買収し同駅の構内線となった。30年後の撮影時も9600が石炭の積み出し作業に奮闘していた。◎S46.3.18

ニシン漁で賑わった留萌港は、小樽以北で一番の良港として石炭や木材の積み出し、海産物の水揚げが行われ、明治43年に深川～留萌（国鉄、JR北海道は平成9年まで「萠」と表記）間の留萌本線が開通した。大正10年には増毛まで延伸し、増毛町にある国内最北端の酒蔵や呉服商と取引する商人たちの足にもなった。留萌から海岸線に沿って北に伸びた支線は、幌延から南下してきた線路と昭和33年につながって羽幌線となり、沿線で水揚げされるニシン輸送に加え、羽幌・天塩両炭鉱の石炭積み出しにも貢献した。D51のほか、その従台車を2軸に改造したD61の6両すべてが深川機関区に集結し、両線で奮闘した。この章では6両全機の写真を収めた。

雪原の向こうに上がった煙がゆっくりと近づいて来ると、煙突から蒸気貯めまでが一体のドームで覆われた半流線型の「ナメクジ(D51第1次型)」が、延々と続く石炭車を牽いていた。ようやく最後尾が見えると、もう1両の「ナメクジ」が推進していた。◎留萠本線恵比島~峠下(とうげした)　782レ　S46.3.18

留萌港で石炭を輸送船に積み込んだ石炭列車は、春の明るい陽光の中、D51 347に牽かれて炭鉱に戻って行った。◎留萌本線大和田～留萌　774レ　S46.3.18

雪晴れのまばゆい日差しの中、サングラスをかけた乗務員が乗ったD61 5が北を目指して加速した。◎羽幌線留萠～三泊　893レ貨物列車　S46.3.18

D61 2号機が出番を待つ。◎深川機関区留萠支区　S44.3.16

893レ貨物列車の先頭で留萌川を渡り、留萌の街並みに別れを告げるD61 5。港のクレーンや大きな倉庫が温かい春の日差しの下で見送っていた。◎羽幌線留萌～三泊　S46.3.18

D611

D61のファーストナンバーD61 1はD51 640から改造された。◎羽幌線古丹別　S45.2.21（左右2枚とも）

日本海から吹き付ける北西の強風をついて、山の陰から
D61 3に牽引され羽幌方面に向かう貨物列車が現れた。
◎羽幌線力昼（りきびる）～古丹別　S44.3.16（上、左下2枚とも）

留萠方面から駅に進入するD51が牽く貨物列車。◎羽幌線力昼 S44.3.16

留萌方面に向かう貨物列車が出発した。

日本海に臨む駅

日本海から吹き付ける風は冷たく、小さな駅の冬は厳しい。ここでは旅客列車は全て気動車だ。寒風の中、列車を見送る駅員の姿が頼もしい。

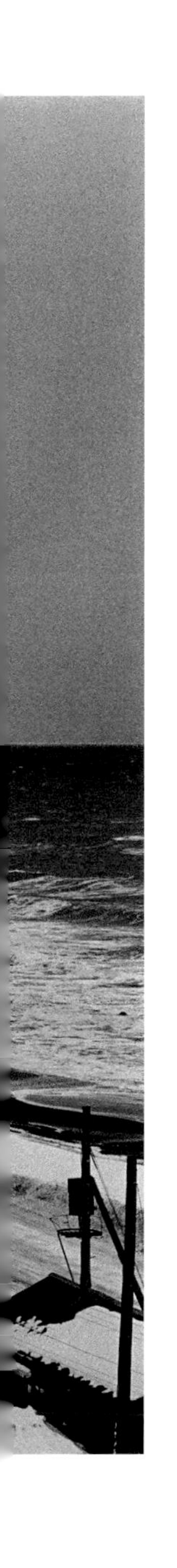

◎いずれも羽幌線力昼　S44.3.16

留萠を目指して出発するD61 1牽引の貨物列車(右)が、D51の牽く貨物列車と交換する。◎羽幌線古丹別　S45.2.21

第4章 峠に挑む 石北本線 常紋

新旭川で宗谷本線と別れ、遠軽（えんがる）のスイッチバックで進行方向を変えてさらに東を目指す石北本線。生田原（いくたはら）～金華（かねはな）間の常紋（じょうもん）峠は25‰の急坂と半径300㍍のカーブが続く。重装備D51が奮闘する関西本線加太（かぶと）峠や肥薩（ひさつ）線矢岳などと違い、標準装備のD51、9600が重連やプッシュプルで急坂に挑んだ。頂上近くの常紋信号場にはスイッチバックがあり、SL各2両が力を合わせる列車同士の交換時には、4条の煙が交錯した。

後部補機の力を借りて常紋峠を登るD51 950が牽く北見方面からの貨物列車。◎常紋信号場～金華 S44.1.3

雪深い駅に到着するD61 2に牽引された貨物列車。
石炭車の前に有蓋貨車・荷物客車を加えた編成だ。
◎羽幌線築別　S45.2.21

留萠に向け出発するD61のラストナンバーD61 6。D51 519から郡山工場で改造された。◎羽幌線古丹別 S45.2.21

日本海に迫る山裾を回り込み、南下するD61 4とD51の重連貨物列車。◎羽幌線力昼～古丹別　S44.3.16

D51 6が牽引する旅客列車。北見から来たこの列車は補機を付けずに常紋峠を登った。◎常紋信号場　S44.1.3

スイッチバック待避線から見事な煙と共に旭川方面へ出発するD51 511の牽く普通列車。◎常紋信号場 S44.1.3

2番線（右）からD51が牽く上り旅客列車が発車した。待避線から金華方面に下って行った貨物列車の後補機は名寄本線にも姿を見せる69644だった。
◎常紋信号場　S44.8※

道東と道央を結ぶ幹線である石北本線には特急が走っていた。当時の花形特急キハ82系5両編成の6D「おおとり」網走発函館行。青函連絡船、東北本線夜行特急「はくつる」を乗り継いで、上野に向かう乗客も多かった。◎常紋信号場　S44.1.3

D51 950の牽く貨物列車が高らかに
汽笛を鳴らし旭川方面に出発した。
◎常紋信号場　S44.1.3

峠越えには本務機D51の前に9600補機が付いた旅客列車もあった◎常紋信号場付近　S44.8※

名脇役「キューロク」の単機回送。この遠軽区所属49626は珍しいカマボコ形砂箱を持つ。◎常紋信号場　S44.1.3

補機69620の助けを借りて、プッシュプルで峠を登ってきた貨物列車が待避線に入る。◎常紋信号場　S44.1.3

北見方面へ向かうD51牽引の普通列車が峠を下る。◎常紋信号場　S44.1.3

峠の信号場を発車した上り貨物列車を牽くD51 1008は、音もなく急坂を下って行った。この春を最後に、石北本線は無煙化された。◎生田原～常紋信号場　S50.3.9

第5章　交通の要衝　北見　そして網走へ

昭和13年に製造され、首都圏で活躍したC58 1は24年に北見機関区に移籍し、石北本線北見～網走間を中心に47年まで北海道の原野を疾走した。この日は上り貨物列車を牽き、朝の北見で「大雪6号」とすれ違った。◎S46.3.20

常紋峠を越えた石北本線の列車は北見盆地に滑り込む。タマネギの出荷量が日本一の北見市はオホーツク海側経済の中心地であり、早朝から夜遅くまで優等列車が発着する交通の要衝だ。大きな機関区があり、D51や9600はここでC58と交代し、沿線の雰囲気も大きく変わって網走に至る。9600は池北線で足寄経由根室本線の池田にも向かっていた。

機関庫内のC58 1◎北見機関区　S44.1.3

網走発小樽行の522レは北見まで客車5両、荷物車・郵便車3両の8両編成。C58 390が牽き、朝の陽光の中、駅構内に入ってきた。ここから先は列車をD51に委ねる。◎北見　S50.3.9

C58 1が牽く上り貨物列車の反対ホームに停まる函館・札幌から来た517レ夜行急行「大雪6号」はここで普通1527レ網走行に看板を変える。3号車はデッキが車体中央にある特異な形をした1等B寝台・2等寝台合造車オロハネ10。4号車は青い車体に1等座席車を表す薄緑色の帯を巻いたスロ54だった。◎北見　S46.3.20

ホームに射す朝日に
照らされるC58 1
◎北見　S46.3.20

上り貨物列車を牽き北見を出発するC58 1
が噴き上げる煙を、風が大きくたなびかせた。
◎S46.3.20

北見でも9600は重要な脇役として
存在していた。◎北見　S44.1.3

首都圏から北の大地に移ったC58 1はオホーツク海沿岸からの物資輸送に重要な役割を担っていた。◎北見機関区　S44.1.3

急行「大雪6号」から替わった1527レ牽引のため北見駅に向けバックで出区するC58 418。炭水車の先端では誘導係員が機関士への合図が見やすいように体を傾けていた。◎北見機関区　S50.3.9

貨物列車が網走市街に近づき、網走湖畔の防雪林に沿って軽やかに走る。後藤工場式デフレクターに大きなJNRマークが描かれたC58 33は、北見、釧路を拠点に道東で輝きを放った。
◎女満別(めまんべつ)～呼人(よびと)　S50.3.9

675.6㌔離れた函館を前日昼に出発。途中、夜行急行「大雪6号」として吹雪の石北本線を走破し、雪塗れで網走に着いた1527レのスハ45 51。19時間半にわたる戦いが終わった。◎網走　S45.2.23

第6章

流氷のオホーツク沿岸を駆け抜けて
釧網本線

　石北本線の終点・網走が面するオホーツク海沿岸には、2月になるとシベリアの寒気で冷え切ったアムール川から流れ出た流氷が押し寄せる。氷に埋め尽くされた海岸線のすぐ近くを走る釧網本線は網走から斜里（しゃり）までの約37キロを凍った海に沿って進む。そして、短い夏に色とりどりの花に埋め尽くされるのもこの沿線だ。そこを走るC58は摩周湖と屈斜路湖の間を通り抜け、釧路湿原国立公園を突っ切って、太平洋側の中心都市・釧路を目指して混合列車を牽いて行った。

◎いずれも網走　S45.2.23

釧路に向かってスタンバイするC58 62の牽く普通列車。右には北見から到着したC58 391が牽く石北本線貨物列車が見える。◎網走　S45.2.23

網走の風景

　石北本線経由で札幌・函館と結ぶ特急「おおとり」、急行「大雪」等が発着する、まさにオホーツク沿岸の要衝網走駅。列車本数は多くはないが、改札口の時刻表には北海道の主要地名が並ぶ。これから、流氷の沿岸を駆け抜ける釧網本線釧路行の普通列車が静かに出発を待つ。

◎いずれもS45.2.23

0 1 2 3
お知らせ
(湧網線)
当駅 10時27分着
11時28分発
上記の列車は雪害のため本日運転を休止致します.
網走駅長
釧路行
FOR KUSHIRO
オハ62 78

「今年の氷はいいみたいだよ」。駅長が言う。北浜駅から沖に出て数百メートル。数両の貨客車を牽いたC58が、のどかな煙をたなびかせ流氷の向こうを通過していった。◎北浜駅沖合から　S44.3.17

C58409

オホーツクの流氷に臨む北浜の風景

　列車が来ると駅にいる人々の動きがあわただしくなった。外は寒い。しかし、一歩中に入ると、ダルマストーブと駅員が温かく迎えてくれた小さな駅。

◎いずれもS45.2.23

びっしりと接岸した流氷を眼の前に、網走に向かって汽笛高らかに出発するC58 409。駅のホームでは駅長が出発を長い間見守っていた。
◎北浜　S45.2.23

C58409

付け替える貨車の間に垣間見える流氷に、
オホーツクの冬の厳しさを感じる。◎北浜
S45.2.24

オホーツクの海に向かって立つ北浜の
駅名板。◎S45.2.23

北浜駅時刻表
◎S45.2.23

網走に向かって入替の終わった貨物列車が出発する。◎北浜
S45.2.23

気動車1両で網走から来た斜里行645D。DE10が牽く690レ貨物列車と交換のため、乗客がいない駅でしばらく停まっていた。
◎止別　S46.3.20

流氷が接岸し、真っ白に埋め尽くされたに海は波もなく、静寂に包まれている。そのすぐわきの線路を走るC58は、ジョイント音だけを残して通り過ぎて行った。◎藻琴ー北浜　釧路発網走行626レ　S46.3.20

形も大きさも色々な流氷がびっしりと接岸している。その先を釧路に向かってC58が行く。◎北浜駅沖合から　S44.3.18

気動車の列車交換。遠くに知床半島の付け根に位置する海別岳を望む。右上は駅名標。◎浜小清水　S45.2.24

1日4本の釧路行各駅停車では最終となる629レ混合列車にはこの日、多数の貨車が組み込まれていた。陽が傾き冷え込んできた清里町で上り貨物列車とすれ違い、C58 418が威勢よく煙を噴き上げて発車した。◎釧網本線　S46.3.20

釧網本線標茶から別れる標津線は根室標津までの本線と途中の中標津から根室本線厚床に向かう支線からなるY字型路線。昭和45年には営業係数が405にもなる赤字線だったが、キハ22単行の急行が2往復走っていた。泉川駅の転轍機小屋に潜り込むと、腕木信号機の横を釧路行2611D急行「しれとこ2号」が近づいてきた(上)。反対ホームには遅れてきた根室標津行2604D急行「しれとこ1号」が待っていて、予定外のこの駅ですれ違った(中)。◎S46.3.21

標津線では貨物列車の牽引はC11の担当だ。◎標津線泉川付近 S46.3.21

道東には魅力的な小さな路線があった。ひとつは、国鉄根室本線釧路－雄別（ゆうべつ）炭山間約44kmを結ぶ専用線（私鉄）の雄別鉄道だ。大正8年に創業した雄別炭鉱も、脱石炭の波に逆らえず、昭和45年2月に閉山した。閉山直前の雄別鉄道の姿を捉えた。もうひとつは、軽便鉄道。北海道ならではの、ミルク工場へと繋がるSLではないナローの魅力。その情景を追った。

雄別炭山駅の風景。C11が良く似合う。
◎雄別鉄道雄別炭山　S45.2.25

奥に石炭積み出し口が見える。
◎雄別鉄道雄別炭山　S45.2.25

C11 65

8722
8721

雄別炭山の風景

閉山により2日後に運転休止となるが、到着列車からは乗客が降りてきた。出発する列車もある。機関庫の片隅には大正時代の花形機関車8700が眠っていた。閉山を控えるこの日もまだ日常がある。閉山を憂い、シャッターを押した。

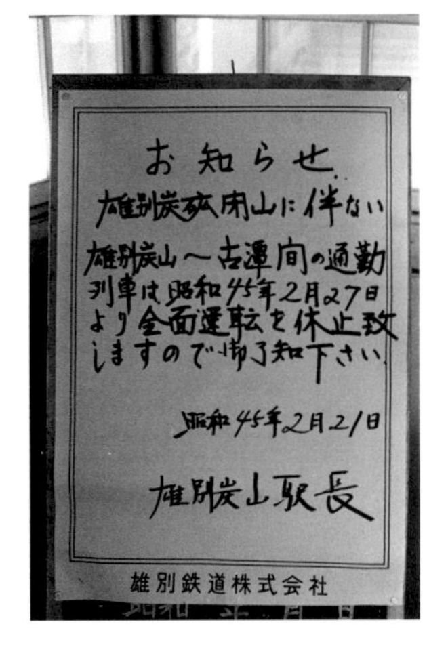

お知らせ

雄別炭砿閉山に伴ない
雄別炭山～古潭間の通勤列車は昭和45年2月27日より全面運転を休止致しますので御了知下さい

昭和45年2月21日

雄別炭山駅長

雄別鉄道株式会社

◎いずれも雄別鉄道雄別炭山　S45.2.25

ミルク工場へつながる軽便鉄道・浜中町営軌道

北海道内各地には、林業、酪農などの産物の搬出に貢献し、開拓者を支える簡易軌道や軽便鉄道が存在した。その中で「浜中町営軌道」は昭和2年、国鉄根室本線の茶内（ちゃない）を起点に軌間762ミリのナローゲージで開業した。茶内線、円朱別（えんしゅべつ）線、若松線に枝分かれし、最盛期は計34.1キロに達したが、道路が開通するなどして、47年に45年間の使命を終えた。

頼りないレールが農場とミルク工場を細々とつなぐ。早朝、搾られたばかりの牛乳を満載した貨物列車が到着。その後から、街に向かう人々を載せた自走客車が路面電車のように続行していた。工場ではタンク車や牛乳缶に入った原乳を降ろす作業が行われた。
◎いずれも浜中町営軌道茶内駅付近　S46.3.22

標茶町営軌道（跡）

昭和30年に道内最後の簡易軌道が敷設され、36年には釧網本線標茶駅前まで通じたが、わずか6年後の42年には駅前への路線が廃止され、雪にうずもれていた。46年8月には全線が短い命を終えた。
◎標茶町営軌道標茶駅前跡　S46.3.21

第8章 平成のSL 道北・道東編

国鉄のSLは昭和50年夕張線のD51貨物列車、翌年の追分機関区の入替用9600を最後にその姿を消した。別れの舞台となった北海道では、24年後の平成11年にC11 171、12年にC11 207が復活し、道内各地でJR北海道のイベント列車を牽いて活躍。昭和のSL全盛期を知らない世代の人たちも、その魅力を満喫することができた。まずは道北・道東でのC11 171の雄姿をカラー写真で紹介する。

D51や9600が重連で悪戦苦闘していた常紋峠に33年ぶりに煙が戻った。3日後に走る「SL常紋号」のための習熟運転で2両のDE15との三重連を組み、バック運転で急坂を登った◎石北本線生田原～常紋信号場　9411レ　H20.6.24

昭和40年代の石北本線にはスマートで色華やかなキハ82系特急が走っていた。◎愛別　6D特急「おおとり」網走発函館行　S45.7

現役時代道内各地で活躍したが、車籍復活後は旭川運転所に所属。この日は、かつて大型SLが活躍した難所で、足元を確かめるように峠を登った。◎石北本線金華～常紋信号場　9412レ「SL常紋号」習熟運転　H20.6.24

C11 171
SL
常紋号

毎年雪が積もると標茶～釧路間で「SL冬の湿原号」を牽いて釧路湿原を縦断する。雪原が晴れ渡った日、時折線路を横断するエゾシカに汽笛を鳴らしながらゆっくりと走った。この列車は令和になっても運転が続いている。◎釧網本線塘路～茅沼　9380レ　H19.2.21

「SL冬の湿原号」は標茶(日によっては川湯温泉)で折り返す。終着駅では機回し線を通って、列車の釧路側に回る。
◎釧網本線標茶　H19.2.21

標茶にはターンテーブルがないので釧路行9381レはバック運転だ。機関車の次に連結された車掌車「ヨ4647」にも客車から乗客が入ることができる。デッキに立つと、目の前の煙突から勢いよく煙を吹き出して走る様子を体験できる。
◎釧網本線標茶　H19.2.21

1月の運転初日は毎年、苗穂運転所所属のC11 207も釧路に駆けつけ、重連運転が行われた。同機が東武鉄道に貸し出されてからは北海道での重連運転は実現していない。◎釧網本線五十石～茅沼　釧路発川湯温泉行9382レ　H20.1.19

雨の日の9425レ「SLすずらん号」を牽き、終着駅目前の上り坂で、日本海をバックに盛大に煙を噴き上げた。最後尾ではDE15 1520が補機を務める。NHK連続ドラマ「すずらん」の収録をきっかけに運転が始まったが、ドラマの撮影は真岡鐵道から借りたC12 66で行われた。
◎留萌本線箸別(はしべつ)～増毛　H18.5.28

増毛には機回し線がないため、帰りの列車は留萌まで戻って機関車が客車から離れ、反対側に回った。◎留萌本線留萌　H18.5.28

終着駅はポイント1つない行き止まり。しとしとと降る雨の中、ブルーのフードをかぶった少年が汽車ポッポをじっと見つめていた。◎留萌本線増毛　H18.5.28

おわりに

北海道の冬は寒い。流氷に覆われ「キーン」と音がしそうな空気のもと、ほとんど動きがないオホーツクの海の静けさを忘れることができない。宗谷のサロベツ原野では晴天が一気に掻き曇り、ホワイトアウトに包まれた。自分が今歩いていた道がどこにあるのかもわからなくなることもしばしばだった。

そんな中で、私たちは昭和40年代の後半、真っ赤な火を焚き、黒煙と蒸気を噴き上げて吹雪を切り裂いて走る最後のSLに夢中になった。凍てつく北の街の産業を支え、生活を繋いでいく鉄道と、季節や天候、列車状況により、人間のように表情が変わる機関車の姿を少しでもこの目に焼き付け、後世に伝えたかった。

半世紀前に撮った写真を整理してみて驚いたのは、そのほとんどが12月から3月の積雪期のものだった。それだけ、北の大地の雪景色、その中を走る鉄の塊の魅力は絶大だったのだろう。ただ、写真集を編むにあたって、他の季節の写真が少ないのはちょっと寂しい。私たちが及ばなかった季節の写真数枚を友人の竹内浩氏に提供していただいたので、説明文に※印をつけて収録した。

石炭から石油、電力へのエネルギー転換でSLが消え、モータリゼーションの発達と道内人口の札幌一極集中、そして近い将来の人口減少により、北海道の鉄道には廃止の波が押し寄せている。本書に収録した名寄本線、羽幌線、標津線はすでになく、留萌本線も留萌－増毛間は短い命を終えた。石炭や牛乳を運ぶローカル鉄道も、令和の今になると、どこを走っていたのかもよくわからなくなる。「力強い北海道開拓の足跡の一部でも残したい」という想いが募り、そうした鉄道の風景を多く取り入れた。

幸いにも、平成10年代後半に再び北海道で撮影する機会に恵まれ、JR北海道が国鉄時代のC11を復元した姿を追った。20年には石北本線の常紋峠に33年ぶりに黒煙が蘇り、それをカラー写真に収めることができた。時を越えて同じ鉄路で奮闘する「昭和のSL」と、第8章の「平成のSL」の姿を併せてご覧いただきたい。前作『D51編』では常紋のSLを「重装備」と表現したが、実は「標準装備」だったことがこの中で確認できたのでお詫びする。私たちは引き続き、『北海道編(下巻)』の制作を手掛けている。道央・道南地区を中心に、躍動したSLの姿をお届けする。

令和2年に続き今回出版の機会を与えていただき、適切な助言、指導を頂いたフォト・パブリッシングの福原文彦氏とご関係の皆様に深く感謝申し上げる。

令和3年8月2日　對馬好一・橋本一朗

がっちりと接岸した流氷の上を渡り、北浜駅の方から汽笛が聞こえてきた。動き出した625レは客車2両だけ。C58の煙が海に向かって流れた。温暖化が進む今は、ここまで凍ることはまずないという。◎釧網本線北浜～原生花園臨時乗降場　S46.3.20

893レを牽くD51 347。北海道独特の短縮型デフレクターを持ち、前照灯前とドーム前にはつらら切りが見える。◎羽幌線築別　S46.3.17

≪参考文献≫

・臼井茂信・西尾克三郎著『日本の蒸気機関車』 鉄道図書刊行会　昭和25年
・機関車工学會著『新訂増補　機關車の構造及理論　上巻、中巻、下巻』 改定増補第22版　交友社　昭和31年
・『5万分の1地形図　西興部』 国土地理院　昭和31年
・『5万分の1地形図　苫前』 国土地理院　昭和35年
・中部鉄道学園運転第一科著『国鉄指導要目準拠　運転理論（蒸気機関車）』第5版　交友社　昭和41年
・吉田富美夫・大竹常松著『国鉄機関士科指導要目準拠　最新蒸気機関車工学」第7版　交友社　昭和43年
・廣田尚敬著　カラーブックス152『蒸気機関車』 保育社　昭和43年
・国鉄監修『交通公社の時刻表　第44巻　第10号　通巻512号』 日本交通公社　昭和43年10月号
・臼井茂信著『日本蒸気機関車形式図集成　2』 誠文堂新光社　昭和44年
・『蒸気機関車　No.14』 キネマ旬報社　昭和46年7月号
・『蒸気機関車　No.18』 キネマ旬報社　昭和47年3月号
・『Rail Magazine　日本の蒸気機関車』 ネコ・パブリッシング　平成6年1月号
・宮澤孝一著『決定版日本の蒸気機関車』 講談社　平成11年
・『北海道時刻表　第63巻　第1号』 ジェイティ―ビー　平成18年1月号
・『産経新聞』産業経済新聞東京本社　平成18年11月24日～令和3年4月25日付
・『国鉄時代 vol.10 Rail Magazine　第24巻　第11号』 ネコ・パブリッシング　平成19年8月号増刊
・『産経ハンドブック　平成24年版』産経新聞社　平成24年
・『JTB時刻表　第97巻　第3号　通巻1142号』 JTBパブリッシング　令和3年3月号

【著者プロフィール】

對馬 好一 Yoshikazu Tsushima

昭和27年東京都生まれ、慶應義塾大学法学部卒。
新聞社で国内政治を中心に長年報道記者を務める。同社管理部門を経て総合印刷会社を経営。大学広報を担当。
少年時代からの柔道の傍ら、鉄道模型、鉄道写真に親しみ、蒸気機関車を追った。
共著書に『国鉄のいちばん長い日ー改革、そして再生への全記録』(PHP研究所)、『地域よ、よみがえれ!ー再生最前線の試み』
(産経新聞出版)など。

橋本 一朗 Ichiro Hashimoto

昭和27年東京都生まれ。慶應義塾大学工学部卒。
機械メーカーにて日本、米国で内燃機関の研究開発に従事。
その後、金属製品・電子機器関連の会社を起業、経営。
幼少の頃からの鉄道ファンで、現在もNゲージ鉄道模型で蒸気機関車を楽しむ。

【2人の共著書】

・『国鉄蒸気機関車　最終章』　洋泉社　平成29年
・『未来へつなぐ日本の記憶　昭和SLグラフィティ〔D51編〕』　フォト・パブリッシング　令和2年

未来へつなぐ日本の記憶 **昭和SLグラフィティ〔北海道編(上巻)〕**

2021年9月2日　第1刷発行

著　者　對馬 好一／橋本 一朗
発行人　高山 和彦
発行所　株式会社フォト・パブリッシング
〒161-0032　東京都新宿区中落合2-12-26
TEL.03-6914-0121　FAX.03-5955-8101
発売元　株式会社メディアパル(共同出版者・流通責任者)
〒162-8710　東京都新宿区東五軒町6-24
TEL.03-5261-1171　FAX.03-3235-4645
デザイン・DTP　古林茂春(STUDIO ESPACE)
印刷所　サンケイ総合印刷株式会社

ISBN978-4-8021-3281-7 C0026
本書内容についてのお問い合わせは、上記発行元「フォト・パブリッシング」編集部まで、書面(郵送またはファックス等)にてお願いいたします。